Copyrite 2003

Michael Richard Craig

διατηρούνται όλα τα πνευματικά δικαιώματα. Καμία εικόνα από αυτό το βιβλίο δεν μπορεί να αναπαραχθεί, να αποθηκευτεί σε ένα σύστημα ανάκτησης, ή να διαβιβαστεί με οποιαδήποτε μέσα, ηλεκτρονικός, μηχανικός, φωτοτυπώντας, καταγράφοντας ή ειδάλλως, χωρίς γραπτή άδεια από το συντάκτη.

Πρόσθετος χάρι στη θαυμάσια, απίστευτη, καταπληκτική και αγαπώντας σύζυγό μου Carol! Η υποστήριξη και η εμπιστοσύνη σας σε με και η παρουσία σας από με δεδομένου ότι ήμαστε κατσίκια είμαστε πολυτιμότεροι σε με από μπορώ να εκφράσω.

Λέξεις και απεικονίσεις από

Michael Richard Craig.

1   2

5   6

9

3   4

7   8

10

Ένα

1

ανόητο

πρόσωπο

Δύο

2

ανόητα

πρόσωπα

Τρία

3

ανόητα
πρόσωπα

Τέσσερα 4 ανόητα πρόσωπα

Πέντε

5

ανόητα

πρόσωπα

Έξι 6 ανόητα πρόσωπα

Επτά

7

ανόητα
πρόσωπα

Οκτώ

8

ανόητα

πρόσωπα

Εννέα 9 ανόητα πρόσωπα

Δέκα

10

ανόητα

πρόσωπα

Αυτά τα πρόσωπα είναι από τη συλλογή «τα πολλά πρόσωπα Michael Richard Craig» που αυτό είναι το πρώτο σε ένα δέκα σύνολο όγκου μετρώντας ανόητων προσώπων σε εκατό.

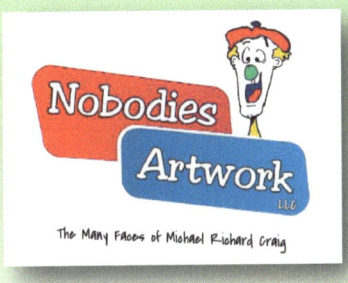

Nobodiesinc@yahoo.com

TeeGeeBeeTeeGee

www.ingramcontent.com/pod-product-compliance
Lightning Source LLC
Chambersburg PA
CBHW041119180526
45172CB00001B/336